DAS ÖSTERREICHISCHE LEBENSMITTELBUCH
CODEX ALIMENTARIUS AUSTRIACUS

II. Auflage

Herausgegeben vom Bundesministerium für soziale Verwaltung, Volksgesundheitsamt, im Einvernehmen mit der Kommission zur Herausgabe des Codex alimentarius Austriacus

Vorsitzender: Ministerialrat Ingenieur Anton Stift

IV.—VI. HEFT

BROT UND BACKWAREN
BACKPULVER
SAUERTEIG

REFERENT: HOFRAT DR. OTTO CZADEK

SPRINGER-VERLAG WIEN GMBH

ISBN 978-3-662-01951-1   ISBN 978-3-662-02247-4 (eBook)
DOI 10.1007/978-3-662-02247-4

WERNER & PFLEIDERER

A. G.

WIEN XVI., ODOAKERGASSE 35

Einschieß-Dampfbacköfen
„VIENNARA"

Auszug-Dampfbacköfen
„TELESCOCAR"

Ketten-Dampfbacköfen
AUTOMATISCHE ÖFEN
für Kohlen-, Gas- und elektrische Beheizung

Maschinen
für die gesamte Lebensmittelindustrie, wie Knet- und Mischmaschinen, Teigwarenmaschinen

Hydraulische Pressen
Knet- und Mischmaschinen für die chemische Industrie

414

Ausgegeben im Jänner 1927

DAS ÖSTERREICHISCHE LEBENSMITTELBUCH
CODEX ALIMENTARIUS AUSTRIACUS

II. Auflage

Herausgegeben vom Bundesministerium für soziale Verwaltung,
Volksgesundheitsamt, im Einvernehmen mit der Kommission zur
Herausgabe des Codex alimentarius Austriacus

Vorsitzender: Ministerialrat Ingenieur Anton Stift

IV.

Brot und Backwaren

Referent: Hofrat Dr. *Otto Czadek*

Von den allgemeinen, zum Schutze der Gesundheit auf Grund
des Lebensmittelgesetzes erlassenen Vorschriften ist das mit der Mini-
sterialverordnung vom 13. Oktober 1897, RGBl. Nr. 239, ausgesprochene
Verbot des Verkaufes und der Verwendung des „japanischen" Sternanis
(Sikimmifrüchte) zu arzneilichen Zwecken und zu Genußmitteln jeder
Art, insbesondere auch für das spezielle Gebiet dieses Kapitels maß-
gebend.

Besondere auf Grund des Lebensmittelgesetzes im Verordnungs-
wege erlassene Bestimmungen über die Zubereitung von Brot und Backwaren und über den Verkehr mit diesen Nahrungsmitteln liegen nicht
vor. (Die hiefür geltenden gewerberechtlichen Vorschriften sind hier
nicht zu erörtern.)

Im Codex ist die Abgrenzung der Backwaren von den „Konditorwaren" auf rein technischer Grundlage in der Weise durchgeführt
worden, daß man in zweifelhaften Fällen der Gruppe „Brot und Backwaren" jene Erzeugnisse zugewiesen hat, bei deren Herstellung Hefe
oder ein entsprechendes Hefeersatzmittel zum Zwecke der Lockerung
des Teiges Verwendung findet, wahrend die übrigen Waren in dem
Kapitel „Konditorwaren usw." behandelt werden.

1. Beschreibung

Unter der Bezeichnung „Brot" und „Backwaren" sind aus Mehlen,
Wasser oder anderen zum menschlichen Genusse geeigneten Flüssig-
keiten (zum Beispiel Milch, Molke u. dgl.) und erlaubten Zusätzen —
mit wenigen besonderen Ausnahmen unter Verwendung eines Lockerungsmittels — durch den Backprozeß hergestellte Nahrungsmittel
zu verstehen.

Produktions- und Handelsverhältnisse. Zur Bereitung

von Brot und Backwaren dürfen nur Rohstoffe verwendet werden, die den für die betreffende Warengattung (Mehl, Fett, Milch, Wasser, Hefe, Sauerteig, Backpulver usw.) ausgesprochenen Anforderungen vollkommen genügen.

Brot wird aus Roggen- oder Weizenmehl oder aus Gemengen beider mit Hilfe eines Lockerungsmittels erzeugt. Erlaubte Zusätze sind: Kochsalz, Fett, Milch (Vollmilch, Magermilch, Buttermilch, Molke, frische oder eingedickte Molke), Eier, Zucker, Gewürze und Backhilfsmittel. Von den Backhilfsmitteln sind die meistverbreiteten die hauptsächlich auf den Gärverlauf einwirkenden diastatischen Präparate, wie Malzmehle und diastatische Malzextrakte, ferner die auf die Quellung des Teiges einwirkenden Zusätze, zu welchen die aufgeschlossenen Reis- und Kartoffelmehle zählen, weiters Zusätze, die sowohl auf den Gärverlauf als auch auf die Quellfähigkeit wirken, wie gewisse Mineralsalze. Die Verwendung dieser Mineralsalze ist aber an die Zustimmung des Bundesministeriums für soziale Verwaltung, Volksgesundheitsamt, gebunden. Endlich gehören hierher die die Teigbeschaffenheit beeinflussenden Zusätze artfremder Mehle in bescheidenen, zweckbewußten Gaben, wie die Beigabe von Weizenmehl zu kurzem Roggenmehl oder die Beigabe von Mais-, Gerste- oder Leguminosenmehl bei zu zähem Roggen- oder Weizenmehl. Auch Zusätze von Fleischmehlen und Fleischextrakten, ferner von Gerstenmehl, Hafermehl, Maismehl, Reismehl, Kartoffelstärke oder Kartoffelbrei, Leguminosenmehl und Karobenmehl usw. sind gestattet, wenn ein solcher Zusatz ortsüblich oder deklariert ist. Desgleichen sind diätetische Zwecke verfolgende Zusätze bei entsprechender Bezeichnung zulässig. Weißbrot ist Brot aus Auszugmehlen. Unter Schwarzbrot versteht man Brot, bei dessen Herstellung dunkle Weizen- und Roggenmehle verwendet worden sind. Gemischtes Brot ist dadurch gekennzeichnet, daß es nur „mittlere" Mehle enthält.

Zur Lockerung des Brotes dienen: Sauerteig, Preßhefe oder entbitterte Brauereihefe, eventuell auch Kohlensäure und Backpulver. Der Gebrauch von Mineralsäuren zur Entwicklung der Kohlensäure aus, dem Teig zugesetztem Natriumbikarbonat u. dgl. ist unstatthaft.

Gutes Brot muß im Innern gleichmäßig durchgebacken und gelockert erscheinen und fehlerfrei sein. Die Rinde soll einen gewissen Grad von Elastizität besitzen, der durch Drücken mit dem Finger erkannt werden kann. Von der Krume ist zu verlangen, daß ihre Farbe die natürliche, das heißt weder blau, rot oder schwarz noch sonstwie mißfärbig sei. Überdies dürfen sich weder an der Außenseite noch im Innern des Brotes Schimmelwucherungen zeigen. Der Wassergehalt der gewöhnlichen Brote von guter Beschaffenheit ist nach den vorliegenden Untersuchungen in der Regel nicht höher als 42 Prozente. Der Aschengehalt beträgt, nach Abzug des Kochsalzes, in der Trockensubstanz höchstens.

in Weizenbrot und Weizenzwieback	2,0 Prozente
„ Roggenbrot und Roggenzwieback	2,5 „
„ Schrotbrot	3,0 „
„ Haferbrot	3,5 „
„ Gerstenbrot	4,5 „

Die Asche darf nicht mehr Sand enthalten als für die verwendeten Mehle zulässig ist.

Der Grad der Säuerung soll nicht so hoch sein, daß er den Wohlgeschmack und die Genußfähigkeit beeinträchtigt. In dieser Richtung sind jedoch die Anforderungen des lokalen Geschmackes zu berücksichtigen.

Backwaren bestehen aus Mehl verschiedener Art mit Zusätzen von Kochsalz, Fett, Milch, Eiern, Zucker, Honig, Malzextrakt, Früchten, Fruchtsäften, Marmeladen, Gewürzen, Wein, Rum, Kognak und Stärkemehl. Zur Lockerung kann Hefe, Backpulver, Fett oder zu „Schnee" geschlagenes Eiweiß verwendet werden. Auch die nicht oder nur sehr wenig gelockerten Zwiebacke und die bloß aus Mehl und Wasser bereiteten „Mazzes" pflegt man den Backwaren zuzuzählen.

Im allgemeinen gilt für die Bereitung und Eigenschaften der Backwaren das beim Brot Gesagte, doch lassen sich keine Grenzzahlen aufstellen. Besondere Rücksicht ist hier auf die Verwendung einwandfreier Fette zu nehmen.

Eine feste Grenze zwischen „Brot" und „Backwaren" einerseits, dann zwischen „Backwaren" und „Konditorwaren" anderseits läßt sich nicht ziehen. In der Regel werden alle deutlich süß schmeckenden Bäckereierzeugnisse als „Backwaren" im weitesten Sinne des Wortes zu bezeichnen sein. Ferner ist Brot im allgemeinen ein Nahrungsmittel, während die Backwaren Luxusartikel sind. Man wird also Schiffszwieback zum „Brot", feine Keks und Luxuszwiebacke zu den „Backwaren" rechnen. Über die Einreihung gewisser, zwischen den „Backwaren" und „Konditorwaren" stehender Erzeugnisse ist bereits in der Einleitung gesprochen worden. Es sind dies die

Hefeteig- oder **Germteigwaren,** die als Hauptbestandteile Mehl, Fett (Butter oder andere Speisefette), Eier, Milch und geringe Mengen Zucker enthalten. Die Lockerung des aus diesen Materialien gewonnenen Teiges erfolgt mittels Hefe oder, allerdings im Widerspruch zur Bezeichnung, mit Hilfe von Backpulver. Zucker wird außer bei der Bereitung auch als Streumaterial oder in Verbindung mit Fruchtmassen als Fülle benützt (zum Beispiel Kuchen, Brioche, Preßburger Beugel, Siebenbürger und Preßburger Zwieback, Guglhupf, Faschingskrapfen, Johannisbeerstangel usw.).

Neben den aus Mehlen hergestellten Broten gibt es auch solche, die aus ganzem Korne bereitet werden, wie **Simonsbrot, Pumpernickel** u. dgl. und die **Schrotbrote (Grahambrot).** Sie haben in Österreich vorläufig als Volksnahrungsmittel noch keine besondere Bedeutung.

Brotsurrogate kommen in normalen Zeiten nicht vor; bei Hungersnot oder arger Teuerung wurden jedoch begreiflicherweise die verschiedensten Stoffe, wie Moos, Flechten, Baumrinde, Unkrautsamen usw. verbacken.

In unlauterer Absicht vorgenommene Veränderungen des Brotes sind bis auf den nicht deklarierten Zusatz von Kartoffelmehl oder -brei zu dem Zweck, den Wassergehalt des Brotes zu erhöhen oder die mindere Qualität der zur Herstellung des Brotes verwendeten Mehle zu verdecken, und das Einkneten alter aufgeweichter Brotreste in den Teig, bei uns kaum bekannt geworden. Von Alaun, Kupfervitriol, Zinksulfat und Seife heißt es, daß sie gelegentlich anormalen Mehlen zugefügt worden sind, um die Backfähigkeit der letzteren zu erhöhen.

Eine wichtige Rolle spielen die Fehler des Brotes, weshalb ihnen besondere Beachtung zu schenken ist. Solche Fehler sind: mangelhafte Lockerung, wobei die Krume „speckig“ erscheint, schlechtes Ausbacken, das „Wasserstreifen“ in der Krume hervorruft, ferner „Mehlklümpchen“, die von ungenügendem Kneten herrühren, Risse in der Rinde, „abgerissenes“ Brot (Risse in der Krume), große Hohlräume zwischen Krume und Rinde, und endlich Beschädigungen der Brote durch eine zu hohe Backtemperatur, infolge welcher die Rinde verbrennt. Eine weitere Ursache der Fehlerhaftigkeit oder unter Umständen des Verdorbenseins von Brot ist die Verwendung bitterer Mehle, dann das Verbacken von Mehlen, die Kornrade, Taumellolch, Mutterkorn und dgl. oder Sand enthalten.

Zum menschlichen Genuß ungeeignet sind fadenziehende und „knödelige“ (das sind im Innern teigige) Brote, dann solche, deren Rinde oder Krume verschimmelt oder verfärbt ist, was von Mikroorganismen herrührt. Der Erreger des fadenziehenden Brotes ist schon im Mehle vorhanden; seine Sporen überdauern den Backprozeß und gelangen nur dann zur Auskeimung, wenn das Brot nach dem Backen warm gelagert wird oder zu wenig Säure enthält. Schimmelwucherungen stellen sich dagegen stets erst sekundär, gewöhnlich infolge der Aufbewahrung des Brotes in feuchten und ungenügend gelüfteten Räumen, ein.

Die einzelnen Brotsorten führen nach Art und Größe örtlich sehr verschiedene Bezeichnungen.

Die Bezeichnung von Brot als „vitaminhaltig“ oder als „Vitaminbrot“ oder eine ähnliche Bezeichnung ist im Sinne eines Gutachtens des Obersten Sanitätsrates nur dann zulässig, wenn auf der Umhüllung oder durch Einpressung das betreffende Vitamin genau bezeichnet und außerdem der rigorose Nachweis[1] für das Vitamin im Präparat erbracht wird.[2]

---

[1] Es genügt nicht, auf den Vitamingehalt eines Produktes unter Berufung auf den von verschiedenen Forschern und Laboratorien fest-

2. Probeentnahme

Die Probeentnahme bei Brot und Backwaren hat stets derart zu geschehen, daß eine angemessene Zahl ganzer Laibe oder ganzer Gebäckstücke ausgewählt wird.

3. Untersuchung

Sie wird am besten nach den folgenden Methoden[3] durchgeführt:

I. Sinnenprüfung

Außer den als Fehler und als Kennzeichen verdorbenen Brotes bezeichneten Anomalien sind im allgemeinen der Geruch und Geschmack des Brotes, die Farbe und Elastizität der Rinde und ihr Verhältnis zur Krume zu beachten. Reichlicher Mais- oder Kartoffelmehlzusatz erzeugt eine rissige Krume. Verdorbene Brote sind mitunter schon an der Beschaffenheit der Rinde, häufiger jedoch erst nach dem Aufschneiden als solche zu erkennen.

II. Mikroskopische Untersuchung

Die mikroskopische Untersuchung der Gebäcke aller Art verfolgt die gleichen Ziele wie diejenige der Mahlprodukte. Zur Vorbereitung der Proben sind die bei Mehl üblichen Verfahren zu benützen. Daneben ist das unveränderte Gebäck mikroskopisch zu untersuchen, wobei mitunter Gewebselemente der Fruchtsamenschale und auch unverkleistert gebliebene Stärkekörner einen Anhaltspunkt für die Identifizierung des verwendeten Mehles bieten. Es muß ferner die Qualität des Streumehles und der Umstand beachtet werden, ob nicht etwa durch ungeeignete Aufbewahrung oder unvorhergesehene Einflüsse Brotkrankheiten aufgetreten sind. Verschimmeltes Brot ist an den mehr oder weniger reichlich vorhandenen Pilzfäden und Sporen zu erkennen.

---

gestellten Gehalt dieser Verbindung in pflanzlichen und tierischen Nahrungsmitteln zu verweisen, es muß vielmehr vom Erzeuger der Nachweis des Vitamins in einem in gewöhnlichen Lebensmitteln nicht vorkommenden Ausmaße in dem für den Handel bestimmten Produkt nach den in wissenschaftlichen Instituten geübten Verfahren erbracht werden. Die für den Nachweis in Betracht kommenden wissenschaftlichen Institute werden vom Bundesministerium für soziale Verwaltung, Volksgesundheitsamt, fallweise bestimmt. Von den Vitaminen kommt für das vorliegende Kapitel nur das Vitamin B (der Antiberiberifaktor) in Betracht.

[2] Diese Forderung gilt naturgemäß nicht nur für Brot allein, sondern für alle Nahrungs- und Genußmittel.

[3] Siehe auch Schweizerisches Lebensmittelbuch. 3. Aufl., 1917, S. 100.

III. Chemische Untersuchung

1. Wasser. Aus runden Broten schneidet man mit Hilfe sorgfältig geführter Radialschnitte keilförmige Stücke mit der zugehörigen Rinde heraus. Längliche Brote müssen durch Kreuz- und Querschnitte geviertelt werden. Rund 100 g einer aus den so erhaltenen Stücken gezogenen Durchschnittsprobe trocknet man zunächst bei mäßiger Wärme (50 bis 60° C) so lange vor, bis sie sich pulverisieren (stoßen, mahlen) lassen, und .ermittelt den Gewichtsverlust. Von der durch das Pulvern erhaltenen Mischung von Krume und Rinde wird ein aliquoter Teil bei 105° C bis zur Gewichtskonstanz getrocknet und der neuerliche Gewichtsverlust ermittelt. Die in Prozenten ausgedrückte Summe der beiden auf die ursprüngliche Substanz berechneten Verluste ergibt die Gesamtwassermenge.

2. Säuregrad. Zum Zwecke der Bestimmung des Säuregrades verreibt man unter Wasser mindestens 50 g der rindenfreien Krume möglichst fein, bringt mit heißem Wasser auf ein Volumen von 400 ccm, rührt gut durch und läßt eine Stunde stehen. Zur Titration, die unter Zusatz von Phenolphtalein mit $\frac{n}{10}$ Natronlauge vorzunehmen ist, dienen zwei Proben von je 100 ccm. Unter „Säuregraden" versteht man die Anzahl ccm-Normal-Natronlauge, die zur Neutralisation von 100 g Brot erforderlich sind. Durch Multiplikation der verbrauchten ccm $\frac{n}{10}$ Natronlauge mit 0,009 erhält man die „Gramme Milchsäure". Zum Vergleiche verschiedener Waren dieser Gruppe untereinander muß die Zahl auf 100 g wasserfreie Substanz bezogen werden.

3. Asche und Kochsalz. 10 g der Durchschnittsprobe werden in einer gewogenen Platinschale sorgfältig verascht. Da die Asche meist auch zum Nachweis mineralischer Verunreinigungen dient, so empfiehlt es sich, zur Bestimmung des Kochsalzgehaltes eine frische Probe zu veraschen und zu verwenden. Hierbei verfährt man, wie folgt: 10 g Brot werden bei niedriger Temperatur verbrannt, den kohligen Rückstand zieht man mit heißem Wasser aus, filtriert, wäscht aus und ergänzt das Filtrat mit Wasser auf 100 ccm. 25 ccm dieser Lösung säuert man mit Salpetersäure schwach an, beseitigt den Überschuß der Säure durch Zusatz einer kleinen Menge von reinem kohlensauren Kalk und titriert, ohne von dem überschüssigen Kalk abzufiltrieren, unter Verwendung von Kaliumchromat als Indikator mit $\frac{n}{10}$ Silbernitratlösung. 1 ccm Silberlösung entspricht 0,00585 g Na Cl.

4. Gesundheitsschädliche Beimengungen. Die Prüfung auf gesundheitsschädliche Beimengungen erstreckt sich meist nur auf Kupfer- und Zinksulfat, die in der Asche nach den allgemeinen Grundsätzen der analytischen Chemie nachgewiesen und eventuell auch quantitativ bestimmt werden können. Die Gegenwart von Alaun läßt sich in der Weise feststellen, daß man eine Schnitte des Brotes mit einer verdünnten alkoholischen Alizarinlösung befeuchtet; auftretende Rotfärbung deutet auf Alaun.

Die Prüfung auf Kornrade, Taumellolch, Mutterkorn und Wachtelweizen hat ähnlich wie in Mehlen mikroskopisch zu erfolgen. Etwa zugesetzte Seife wird nach Schwarz und Hartwig[1] durch die Extraktion mit absolutem Alkohol gefunden, doch entgehen geringe Mengen leicht dem Nachweis, weil sich die Seife während des Gär- und Backprozesses meist spaltet.

4. Beurteilung

Als gesundheitsschädlich sind Waren dieser Gruppe anzusehen, wenn sie Alaun, Kupfervitriol, Zinksulfat, Seife u. dgl. bedenkliche Stoffe enthalten, oder wenn gelegentlich der Lockerung ihres Teiges zur Kohlensäureentwicklung Mineralsäuren Verwendung gefunden haben.

Verfälscht ist Brot, in dessen Teig alte Brotreste eingearbeitet wurden.

Bezüglich des Verdorbenseins von Brot und Backwaren sei bemerkt, daß sie nicht selten mit Mängeln verschiedenster Art behaftet und trotzdem wenigstens zur Not genießbar sind. Sie können aber auch, wenn die Fehler sehr stark hervortreten, eben dieser Fehler wegen verdorben und ungenießbar werden. Es handelt sich also im einzelnen Fall nicht allein um die Feststellung der Mängel an sich, sondern auch um die gerechte Beurteilung ihres Grades.

Ein größerer Wassergehalt im Brot bedingt eine entsprechende Minderwertigkeit, ein solcher an Sand je nach der vorhandenen Menge Minderwertigkeit oder Verdorbensein.

Als falsch bezeichnet sind Brot und Backwaren zu beurteilen, deren deklarationspflichtige Zusätze — von Backhilfsmitteln abgesehen — beim Feilhalten oder beim Verkauf nicht ausdrücklich bekanntgegeben oder die unter einer Bezeichnung wie „vitaminhaltig" oder „Vitaminbrot" in den Verkehr gesetzt werden, ohne daß der Erzeuger den Nachweis des Vitamingehaltes durch ein wissenschaftliches Institut erbracht hat[2]. Brot und Backwaren aus dem Lebensmittelgesetze nicht entsprechenden Materialien sind wie diese zu beurteilen.

5. Regelung des Verkehres

Es empfiehlt sich, folgende Punkte zu beachten:

Bei der Herstellung des Brotes und der übrigen Backwaren ist stets auf die größte Reinlichkeit und auf entsprechende sanitäre Ver-

---

[1] Zeitschrift für Untersuchung der Nahrungs- und Genußmittel sowie der Gebrauchsgegenstände, 1907, 13. Band, S. 592.

[2] Siehe S. 4, Anmerkung 1.

hältnisse, sowohl in den Räumlichkeiten des Backhauses als auch auf Seite der Arbeiter, zu sehen. Die Räume, in denen das Mehl eingelagert wird, müssen trocken und luftig sein. Es ist Vorsorge zu treffen, daß sich keinerlei Nagetiere, Insekten u. dgl. einnisten. Das zur Teigbildung erforderliche Wasser muß in jeder Beziehung den an ein gutes Trinkwasser zu stellenden Anforderungen entsprechen. Wasser von anderer Beschaffenheit darf zur Teigbildung keinesfalls verwendet werden. Das für die Brotbereitung bestimmte Mehl ist durch Sieben von mitunter vorkommenden Beimengungen, wie Bindfäden, Holzstückchen, Eisenteilchen, Glasscherben u. dgl. zu befreien.

Die Teigbereitung hat womöglich mit Knetmaschinen zu erfolgen, denn nur dann gelingt es, allen im Interesse der Reinlichkeit zu stellenden Anforderungen zu entsprechen. Wo Knetmaschinen nicht in Verwendung stehen, ist es im hohen Grade wünschenswert,

a) daß die Arbeiter dazu verhalten werden, die Arbeit des Knetens nur nach vorhergehender gründlicher Reinigung ihrer Hände zu verrichten. Kranke, zum Beispiel tuberkulöse, mit Flechten, Hautausschlägen usw. behaftete Arbeiter, oder solche mit offenen Wunden dürfen nicht beschäftigt werden. Ferner

b) sollen die Knettröge entweder aus gut verzinntem Eisenblech oder Holz sein. Die Verkleidung hölzerner Knettröge mit Zinkblech oder verzinktem Eisenblech ist unzulässig und jene mit verzinntem Blech nicht empfehlenswert, weil sie leicht Verunreinigungen Vorschub leistet. Jedenfalls muß darauf gesehen werden, daß einspringende Winkel nach Möglichkeit vermieden und die Oberfläche der Tröge glatt und rissefrei erhalten wird, um die Ansammlung von Schmutz zu verhindern und die Reinigung zu erleichtern. Nach jeder Knetoperation ist der Backtrog gut zu säubern, so daß keine Teigreste darin verbleiben. Zur Herstellung des sogenannten „Sauerteiges" dürfen nur eiserne, im Innern gut verzinnte oder aus hartem Holz verfertigte Gefäße Anwendung finden.

Das Teilen des Teiges soll tunlichst mit Hilfe geeigneter Teigteilmaschinen erfolgen, wie überhaupt die Berührung des Teiges mit den Händen bei der Bereitung des Brotes auf das unbedingt Notwendige zu beschränken ist.

Die Backräume müssen reinlich und hell sein und auch die Arbeitsgeräte sind peinlich sauber zu halten. Vor dem Einschießen ist die Sohle jedes Backofens zu säubern. Das zur Reinigung verwendete Wasser soll täglich mindestens einmal gewechselt werden; der Behälter, in dem es verwahrt wird, ist sorgfältig rein zu halten. Die Verwendung von Holzmehl[1] und Talkum zum Bestreuen der Formen und das Be-

---

[1] Präparierte dunkle Holzstreumehle sind als Streumehle zur Verhinderung des Klebens der Teige auf der Unterlage jedoch zulässig. (Erlaß des Bundesministeriums für soziale Verwaltung, Z. 58.976 vom 21. Oktober 1926.)

streichen der Backbleche und -formen mit Vaselinöl (fälschlich „Brotöl" genannt) ist unzulässig.

Zur Heizung der Backöfen mit Innenfeuerung darf nur Kohle, gutes Brennholz, eventuell guter Brenntorf verwendet werden; angestrichenes, imprägniertes oder Nägel enthaltendes Holz (zum Beispiel Bauholz oder Bahnschwellen) ist auszuschließen.

Zur Abkühlung und Aufbewahrung des Brotes sind gut gelüftete, trockene und womöglich lichte Räumlichkeiten zu benützen.

Beim Verkaufe von Brot, besonders von Weißbrot (Semmeln, Kipfeln usw.), ist gleichfalls die größte Reinlichkeit zu beachten. Es empfiehlt sich, in den Verkaufsstellen eine Sortierung der Gebäckstücke nach dem Grade der Bräunung der Rinde vorzunehmen. Es soll hierdurch rücksichtsvollen Käufern die Möglichkeit geboten werden, eine geeignete Auswahl zu treffen, ohne jedes einzelne vorrätige Gebäckstück zu befühlen.

Auf den Versand von Brot hätten die im vorstehenden entwickelten Gesichtspunkte sinngemäße Anwendung zu finden.

6. Verwertung der beanstandeten Waren

Gesundheitsschädliches Brot und gesundheitsschädliche Backwaren sind zu vernichten, bei den übrigen Beanstandungen kommt eventuell noch die Verwendung als Viehfutter in Betracht.

———

Experten: Direktor *Ludwig Figdor* (Ankerbrotfabrik A. G.), Betriebsleiter *Michael Hackl*, Ing. *Leo Krammer* (Hauser und Sobotka, Wien-Stadlau), Direktor *Otto Reinle* (Etti und Bergel A. G.), Bäckermeister *Johann Wolfbauer*.

V.

Backpulver

Referent: Hofrat Dr. *Otto Czadek*

Die Verordnung der Ministerien des Innern, des Handels, des Ackerbaues und der Justiz vom 6. August 1915, RGBl. Nr. 229, betreffend die fälschlich als Nährmittel oder Backpulver bezeichneten Präparate, bestimmt: „Auf Grund des § 7 des Gesetzes vom 16. Jänner 1896, RGBl. Nr. 89 ex 1897, wird verboten, als „Nährmittel", „Backpulver" oder unter einer ähnlichen Bezeichnung Gemenge von Lebensmitteln oder von chemischen Stoffen gewerbsmäßig zu verkaufen und feilzuhalten, die nach ihren Bestandteilen und der Art ihrer Zusammensetzung die ihrer Bezeichnung entsprechenden Eigenschaften nicht besitzen".

1. Beschreibung

Neben der Hefe und dem Sauerteig werden bei der Herstellung von Backwaren zur Lockerung des Teiges auch chemische Präparate verwendet. Den Anstoß hiezu gab das Bestreben, die durch die Gärung bedingten Verluste an Mehl zu vermeiden.

Produktions- und Handelsverhältnisse. Zur Entwicklung von Kohlensäure im Brotteig auf chemischem Wege sind verschiedene Verfahren in Vorschlag gebracht worden, die zum Teil auch mehr oder weniger lang in Anwendung standen. So wurden unter anderen verwendet: Natriumkarbonat, Kaliumkarbonat und Natriumbikarbonat, in Verbindung mit Ammoniumchlorid, saurem Kalzium- oder Ammoniumphosphat, Weinsäure und Weinstein. Zurzeit sind von diesen Mitteln eigentlich nur noch Gemenge von Natriumbikarbonat mit Weinsäure oder Weinstein in Gebrauch. Diese beiden Produkte werden in Mischungen mit Stärke oder Mehl als Backpulver unter verschiedenen Namen feilgehalten. Ein weiter hieher gehöriges Produkt ist Ammoniumkarbonat, das unter der alten Bezeichnung „Hirschhornsalz" in der Lebkuchenbäckerei verwendet wird und ferner Ammoniumbikarbonat. Als Lockerungsmittel des Teiges kommt endlich auch noch die gasförmige Kohlensäure in Betracht. Auf ihrer Benutzung beruht die Herstellung von Brot nach dem von *Dauglish* vorgeschlagenen Verfahren.

Von einem brauchbaren Backpulver ist zu fordern, daß es eine für die Lockerung des Teiges ausreichende Gasmenge entwickelt, rein und seiner Beschaffenheit nach nicht gesundheitsschädlich sei. Es erscheint daher unzulässig, dem Backpulver als saure Bestandteile gesundheitsschädliche Stoffe, wie Bisulfate, Bisulfite, Chlorkalium, Salzsäure, Alaun und andere Aluminiumsalze usw. zuzusetzen, sowie auch bleihaltiges „Hirschhornsalz" zu verwenden. Insbesondere sind bei der Begutachtung der Backpulver folgende besonderen Grundsätze zu beachten:

a) Backpulver, deren gasentwickelnder Bestandteil Natriumbikarbonat ist, müssen in der für 0,5 kg Mehl bestimmten Menge Backpulver wenigstens 2,35 g Kohlendioxyd entbinden und müssen so viel kohlensäureaustreibende Stoffe enthalten, daß bei der Umsetzung nach längerem Kochen nicht mehr als 0,4 g Natriumbikarbonat, berechnet aus der in den Umsetzungsrückständen enthaltenen Kohlensäuremenge, im Überschuß vorhanden ist.

b) Als Trennungsmittel darf nur Mehl oder Stärke verwendet werden. Die Beimischung von kohlensaurem Kalk (gemahlener Kreide) ist unstatthaft. Das im Backpulver verwendete saure Phosphat darf nicht mehr als 1% Kalziumsulfat oder 3% Trikalziumphosphat enthalten.

c) In Backpulvern sind Ammoniumverbindungen mit Ausnahme von Ammoniumsulfat insoweit zulässig, als ihr gesamter Ammoniakgehalt beim Backverfahren freigemacht wird, unbeschadet geringer Mengen, die durch die sauren Phosphate gebunden werden. Ammoniakbackpulver sind mit der Aufschrift zu versehen: „Nur für trockene Backwaren geeignet".[1])

Backpulver wird gewöhnlich in Kartons zu 10 und mehr Päckchen oder in einzelnen Päckchen verkauft.

2. Probeentnahmen

Zur Untersuchung genügen 3 bis 4 Originalpäckchen im Gewichte von je 15 g.

3. Untersuchung

Bei der qualitativen Untersuchung der Backpulver und der Bestimmung der Kohlensäure verfährt man nach den Grundsätzen der chemischen Analyse; die Wahl letzterer Bestimmung bleibt dem Ermessen des Analytikers überlassen. Der Bestimmung der verbleibenden Alkalität muß Erhitzen der Probe mit Wasser bis zum Kochen, das eine halbe Stunde fortzusetzen ist, vorausgehen. Die Bestimmung selbst darf nur bei Abwesenheit von Phosphaten durch Titration er-

---

[1]) Auf Mischungen von Backpulvern der Type a) und c) haben die Bestimmungen des Absatzes a) und c) sinngemäß Anwendung zu finden.

folgen. Bei Gegenwart von Phosphaten ist die Bestimmung der Kohlensäure im Abdampfrückstand durchzuführen und die gefundene Kohlensäure als Natriumbikarbonat zu berechnen.

4. Beurteilung

Gesundheitsschädlich sind Backpulver, die als saure Bestandteile Bisulfate, Bisulfite, Chlorkalium, Salzsäure, Alaun und andere Aluminiumsalze, Bleiverbindungen usw. enthalten.

Als verfälscht sind Erzeugnisse zu beurteilen, die den oben aufgestellten besonderen Grundsätzen nicht entsprechen.

Als Fälschung gilt ferner die Beimischung von kohlensaurem Kalk (gemahlener Kreide) als Trennungsmittel.

Falsch bezeichnet sind Ammoniakbackpulver, die nicht die Aufschrift „Nur für trockene Backwaren geeignet" tragen. Im Sinne der eingangs angeführten Verordnung vom 6. August 1915, RGBl. Nr. 229, ist verboten, als „Nährmittel", „Backpulver" oder unter einer ähnlichen Bezeichnung Gemenge von Lebensmitteln oder von chemischen Stoffen gewerbsmäßig zu verkaufen und feilzuhalten, die nach ihren Bestandteilen und der Art ihrer Zusammensetzung die ihrer Bezeichnung entsprechenden Eigenschaften nicht besitzen.

5. Regelung des Verkehrs

Die Räume, in denen zur Erzeugung dienende Rohmaterialien vorrätig gehalten werden, müssen trocken sein und ist bei der Herstellung den Forderungen peinlichster Reinlichkeit Rechnung zu tragen. Backpulver sollten im Kleinverkehr nur abgepackt unter Angabe der Mehlmenge, für welche die Packung bestimmt ist, in den Verkehr gebracht werden.

6. Verwertung des beanstandeten Backpulvers

Falsch bezeichnete Erzeugnisse können unter Herstellung ihrer richtigen Bezeichnung im Verkehr belassen werden. Auf Vernichtung gesundheitschädlicher und verfälschter Backpulver braucht niemals erkannt zu werden, da diese Waren unter Umständen noch immer ein brauchbares Material für technische Zwecke abgeben.

Experten: Direktor *Ludwig Figdor* (Ankerbrotfabrik A. G.), Betriebsleiter *Michael Hackl*, Ing. *Leo Krammer* (Hauser & Sobotka, Wien-Stadlau), Ing. *Lukavsky* (Dr. Oetker, Baden), Direktor *Otto Reinle* (Etti & Bergel A. G.) und Bäckermeister *Johann Wolfbauer*.

VI.

Sauerteig

Referent: Hofrat Dr. *Otto Czadek*

Als Sauerteig wird das durch spontane Infektion in Gärung ver-setzte Mehl bezeichnet, das man im Bäckereibetrieb vielfach an Stelle der Hefe zur Einleitung der Teiggärung verwendet. Von den im Sauer-teig verwendeten Heferassen ist Saccharomyces minor Engel in der Regel vorherrschend. Wie der Name sagt, tritt im Sauerteig neben der Vermehrung der Hefe auch eine durch die Gegenwart von Bakterien bedingte saure Gärung ein, wobei Säuren entstehen, und zwar vor allem Milchsäure und Essigsäure.

Die Wirkung des Sauerteiges ist, wenn man die in der Bäckerei verwendeten Mengen beider Triebmittel als Maßstab für ihre Wirkung ansieht, etwa sechsmal geringer als jene der Hefe. Ein guter Sauerteig soll nicht zu sauer sein, weil sich sonst die Vermehrung der Säure-bakterien im Brote durch übermäßig sauren Geschmack unangenehm bemerkbar macht. Keinesfalls darf er faul, dumpfig oder schim-melig riechen und schmecken, widrigenfalls er als verdorben zu bezeichnen ist. Die geringe Aufmerksamkeit, die erforderlich ist, um einen gesunden Sauerteig zu erhalten, steht in gar keinem Verhältnis zum Schaden, den der Bäcker durch Verwendung eines verdorbenen Sauerteiges erleidet. Es kommen daher auch Anstände in dieser Richtung nur sehr vereinzelt vor.

Der Sauerteig selbst ist keine eigentliche Handelsware; es erübrigen sich daher weitere Erläuterungen.

Experten: Direktor *Ludwig Figdor* (Ankerbrotfabrik A. G.), Betriebsleiter *Michael Hackl*, Bäckermeister *Johann Wolfbauer*.

WERNER & PFLEIDERER

A. G.

WIEN XVI., ODOAKERGASSE 35

Einschieß-Dampfbacköfen
„VIENNARA"

Auszug-Dampfbacköfen
„TELESCOCAR"

Ketten-Dampfbacköfen

AUTOMATISCHE ÖFEN
für Kohlen-, Gas- und elektrische
Beheizung

Maschinen
für die gesamte Lebensmittel-
industrie, wie Knet- und Misch-
maschinen, Teigwarenmaschinen

Hydraulische Pressen

Knet- und Mischmaschinen
für die chemische Industrie

414

GPSR Compliance
The European Union's (EU) General Product Safety Regulation (GPSR) is a set
of rules that requires consumer products to be safe and our obligations to
ensure this.

If you have any concerns about our products, you can contact us on

ProductSafety@springernature.com

In case Publisher is established outside the EU, the EU authorized
representative is:

Springer Nature Customer Service Center GmbH
Europaplatz 3
69115 Heidelberg, Germany

www.ingramcontent.com/pod-product-compliance
Lightning Source LLC
LaVergne TN
LVHW040319200726
843493LV00014B/736